時間はくすり

时间是良药。

[日] 比留间荣子——著 苏航——译

薬

LIFE
CARE
PORT

"不必向我道谢,我只是一个普通的药剂师。"

伴着这样朴实无华的言语,
穿着白色医师服的药剂师,迈着和缓的步伐出现了。
她就是工作于东京低洼地带的一角,
与大正十二年(1923年)开办的这家药店同岁的药剂师奶奶——比留间荣子。

不管刮风、下雨，还是酷暑、严寒，
她每天都坚守在药店，如此已经75年了。
亲切的话语和温暖的手，让她成了当地备受好评的
药剂师。

"只要见到荣子老师，就有精神了。"
"每次来都会和她握手，获得力量。"

这样的她,
和药品一起悄悄递到人们手中的,还有"语言的药"。
没有权威称号和荣誉勋章,
她只是一心一意地对待眼前的每一个人,
用漫长的岁月,
开出一张让自己和他人都能拥抱温柔的处方。

目录 CONTENTS

中文版序言 ··· I
中文版推荐序 ··· V

第 1 章

好奇心是良药

1 欢迎来到
药店这家"山顶茶室" ··· 2

2 坚持学习,任何时候都能
拥有新的体验 ··· 10

3 人要活在"现在"
这个瞬间 ··· 18

4　倾听身体的声音，
　　不要说对自己有害的话 … 25

5　发现残留
　　在某处的光芒 … 31

6　与其后悔，不如寻找自己
　　所选道路上盛开的鲜花 … 38

第2章

前进是良药

1 早上的第一声问候,
会唤来美好的一天 ⋯ 46

2 "习惯"造就的"新空间",
会为生活带来全新的改变 ⋯ 52

3 好的"应该"
和不好的"应该" ⋯ 58

4 与其争强好胜，
不如合作共赢 … 65

5 始终和社会联系在一起
是保持活力的秘诀 … 71

6 回想一下
最初的心愿 … 77

第 3 章

温暖是良药

1 有人倾听,
心里就会轻松一点儿 ··· 84

2 关心他人,"只说一句"
很重要 ··· 90

3 从不找借口,
也绝不接受借口 ··· 96

4 照顾自己的情绪
是最有效的药 ··· 102

5 与其担心未来，
不如想想让今天开心的方法　…108

6 只有互相扶持，
人才能一直向前　…114

7 "谢谢"是灵丹妙药，
说"谢谢"会带来幸福　…120

第 4 章

时间是良药

1 不断积累的时间,
是能够治愈我们的最好的药 ··· 128

2 放下以前放不下的东西,
就会开启全新的人生 ··· 134

3 放下别人的评价
会更轻松,也会更幸福 ··· 140

4 人生,就是一场
花时间去爱自己的旅行 ··· 146

5 自己能做的事情
自己做 ··· 153

6 谁能发现幸福，
  谁就能赢得幸福 ⋯ 160

7 不必考虑生存的意义，
  活着就是件让人开心的事 ⋯ 167

8 让周围的人看到，
  你活出了自己的样子 ⋯ 173

9 认真对待眼前的事情，
  "今天"是最棒的一天 ⋯ 178

后记　现在开始，做什么都不晚 ⋯ 185

中文版序言

中国的各位读者，初次见面。

我是一名药剂师，叫比留间荣子。

听说我的《时间是良药》要在中国发售了，我感到既惊讶又高兴。

我已经97岁了。最近接连遭难，先是身体受伤，然后又度过了一段不能随心所欲活动的时期，我心里也会有"活够本儿了吧"这样的想法。但是，真的不管到了多少岁，这个世界都会为我们准备全新的体验。

如果能将一些什么好东西传达给中国读者的话，我会非常高兴的。

时间是良药

衷心地感谢关注我的中国出版社和读者们。

在75年的药剂师生涯中,我专心致志地经营店铺,同时也经历了很多旅行,游历了很多地方。我去过中国大陆两次,游览了万里长城和天安门广场。我切实地体会到,这几十年来中国发生了翻天覆地的变化。

时间是良药——

即使遇到痛苦或不如意的事情,也要一心一意地做好眼前的事情,主动跟人打招呼,与周围的人保持良好的距离感。

这是75年来我在店里和客人们接触过程中的切实所得,并不是我的回忆。

去年(2020年)我受了伤,暂时不能去店里工作,但是今年3月我又回到了店里。在周围人的支持下,

中文版序言

我每天都细细品味着能够再次参与工作的幸福感。

我打算继续工作下去,每天都迎接一点儿小挑战。

我相信,中国的读者大都比我年轻得多。

这就意味着你还有很大潜力,未来有无限可能,会遇到很多机会和挑战。

任何一位有如此前途的人能阅读这本书,都是我的荣幸。

不管您年龄几何、来自哪里,我都衷心希望自己的话能对您的生活有所帮助!

比留间荣子

2021年6月

中文版推荐序

这是一位连续75年，每天都站在药店内工作的药剂师写的书。

她并没有在学术会议上发表过什么成果，也没有担任过什么特别的职务，只是每天在同一个药店，面对眼前的工作，为了客人们的笑容而努力的药剂师。

她是一位以药剂师的身份度过了75年岁月的女性——比留间荣子。

她是我的祖母、我的同事、我的药剂师前辈。

而且，对我来说，对本地的人来说，她就像是"药师如来"一样的存在。

时间是良药

我怀着尊敬的心情,称呼她为荣子老师。

站在店前的荣子老师总是主动和客人们打招呼。

与她同年龄段的患者说她是"唯一能聊战争的朋友",而对于年轻的妈妈们来说,她就像是"奶奶智囊"一样的存在。

一起聊过天,临别的时候,一边流着泪一边牵着荣子老师的手说"您给了我今后也要努力的勇气""见了您,我就觉得精神焕发,能见到您真是太好了"……这样的客人也很多。

75年来,荣子老师成了无数人的"心灵支柱"。值得庆幸的是,多亏了很多人的帮助,她成功地被吉尼斯世界纪录官方认定为"世界最高龄的在职药剂师"。

这样的荣子老师,最近说了让我非常感动的话。

那是在拍摄关于本书的采访视频时的事。

中文版
推荐序

采访者问："您的人生中有后悔的事情吗？"荣子老师虽然立刻回答说"没有"，但当被问到关于荣子老师的儿子（我的父亲）倒下的事情时，她说了非常自责的话。

"关于您儿子的事，您是怎么原谅自己的呢？"采访者这样问时，她沉默了20秒左右。

"我说不出话来。"虽然荣子老师不好意思地笑了笑，让谈话继续下去，但在她沉默的20秒里，我泪流不止。因为，到现在为止，我从没和荣子老师认真地谈过关于父亲的话题。而在这20秒的沉默中，我感受到荣子老师满满的思念。

我觉得，活了97年，不可能没有后悔的事。尽管如此，她还是相信自己所走过的道路没有弯路，而我就在她的身旁，再一次感受到了荣子老师是如何一路

时间是良药

走到了今天。

2020年秋，这样的荣子老师，由于脚部骨折不能继续到店里时，第一次吐露了"可能不行了"的泄气话。

我从客人们那里陆续收到了"啊，奶奶她怎么了？""最近没看到她，还好吗？"的问询。

作为一起工作的后辈药剂师，作为孙子，抱着"为了让荣子老师再次回到店里而努力！"的心情，我一直支持着荣子老师，但支持她的不只有家人和工作人员。

在进行康复训练时，她也从许多患者那里得到了精神上的支持。在此之前，荣子老师一直站在店门前，给很多人带去了活力。在做康复训练的时候，与之前相反，她得到了很多患者的鼓励和支持。

中文版
推荐序

然后，2021年3月25日（星期四），荣子老师终于康复了。恢复健康后，她再次站在了店内。不必说，工作人员和患者们一起庆祝了荣子老师恢复出勤，荣子老师收到了很多鲜花。

那天早上，我和荣子老师一起坐出租车去上班。在车里，荣子老师说："能再次工作真是太幸福了。想到能再次站在客人面前，我昨天晚上兴奋得睡不着觉。"喜欢自己的工作场所，喜欢药店，喜欢大家，这就是荣子老师啊，我由衷地感受到了这一点。

人，无论年纪多大，都可以尝试挑战——荣子老师用她的背影道出了这句话。

这本书得以出版，真的有赖于众多人的力量。非常感谢他们的付出，是他们促成了这本书的面世。

我想，如果因为这本书，能让谁的人生闪闪发光

时间是良药

  的话,也算是对荣子老师的一种鼓励吧。漂洋过海,感谢您能与这本书相遇。

  "谢谢。"

希尔玛药店的比留间康二郎

2021年6月

第1章

好奇心是良药

1

**欢迎来到
药店这家"山顶茶室"**

第 1 章
好奇心是良药

从东京都板桥区志村坂上这一站出来,稍稍走几步,就是位于马路一角的希尔玛药店。药店的房檐上挂着暖帘。

"药店还有挂暖帘的吗?"也许有人会这么想。

"但是,药店不应该只是提供药品的地方吧。"长立在药店门口的我,脑海中总是不自觉地浮现这句话。

无论现在还是以后,我所在的这家药店都以"药店要是能像这样就好了"这一理想的药店为目标。

所谓理想的药店,就是不光那些拿着处方笺的人可以进去,而是路过的任何人都可以顺便进去休息一下。如果试着打个比方的话,就把这家药店比喻成爬

时间是良药

山过程中的"山顶茶室"吧。

人生，就是一段要一步步走下去的漫长旅程。

在这一路上，如果能有一个可以疗愈心灵疲劳、恢复精神，同时还可以发发牢骚的地方，人就能够更安心地继续踏上旅途。

如果药店里既有消除身体不适的药，也有递药时轻松的交谈，还有一个能坐着休息的地方，药店就会成为像街角茶室一样的存在。那样就太幸福了。

最近，在我的同代人中，独居的案例变得越来越多。

如果在以前，附近的人对这种情况可能会很在意，现在，一个人住公寓的现象已经司空见惯。

如此一来，就有很多人会一整天都没有一个可以说话的对象，也有可能一整天都遇不到任何人。

第1章
好奇心是良药

特别是在大都市，附近找不到一个能够一起喝茶的朋友，这样的人往往不在少数。

来希尔玛药店的一位高龄独居女性跟我说："在家里，没有人跟我说话，我都快忘了该怎么说话了。"

我这样告诉她："回到家以后，可以试着跟佛龛里丈夫的照片搭话啊。可以说'孩子他爸，我回来了。我买了好吃的仙贝，沏一些茶来吃吧'，诸如此类。"

即使丈夫、父母这些亲人不在身边了，只要你跟他们说话，就会觉得自己说的话能被听到。而且，如果你这样做，内心就会平静下来。那些珍惜你的人，总是会活在你的心里。

我就有每天向过世的丈夫诉说今天发生了什么的习惯。

时间是良药

"今天啊,发生了这样的事呢……"

"今天,药店来了一个令人难忘的人……"

我的丈夫24年前就去世了,虽然他生前很少说话,性格却非常敦厚温柔。

"这样啊,太好了。"每次说完,我都能感觉到他的声音,好像在回应我。

家人,就是归身之所。

即使有人去世了,或者现在不在你身边,他们存在的事实也不会改变,那会是一直存在于你心中的最重要的归身之所。也有那种丈夫和妻子都很健康却毫无交流的家庭,所以,能够产生"想和他/她说话"的想法,就是一件很幸福的事。

如果一个人待在家里时感到寂寞,希望你可以像

第 1 章
好奇心是良药

上述那样，和重要的人说说话。

"如果这样做还是觉得寂寞，就出来散散步，可以随时到这里来。我会准备好能够让你恢复精力的饮料等你，然后和你一起聊天，聊到你满足为止。"

听我说完这些，那位女性的脸色变得明亮起来。

不管是战胜疾病的道路、解决问题的道路、朝着梦想前进的道路，还是守护某人人生的道路，都可以将其想象成登山之路：既有攀登山峰的时候，也有下涉山谷的时候。如果感到累了，稍微休息一下是很有必要的。

处于上坡和下坡的分界线时，人们需要一个可以随时停下来稍稍休息一会儿的地方，需要一个能坐下来调整一下、互相打个招呼的地方。

如果药店能够成为像"山顶茶室"一样的存在就好了。因为这样一来，药店就有可能成为某个人人生的归身之所。

　　所以今天，在希尔玛药店的店铺前，会有随风摇曳的暖帘在等待客人。

人生就是在有峰有谷的道路上旅行。上坡时稍做休息,下坡时喝一杯清茶。绝不是全力奔跑的旅途才是好的。

2

坚持学习，任何时候都能
拥有新的体验

第 1 章
好奇心是良药

我想知道那些我不知道的事情。

我想弄明白那些我不明白的事情。

我一直都有这样的想法。对于说过的事，我也有一定要完成的意愿。所以，如果被问到是不是个性好强，我肯定会回答"是这样的吧"。

药品和现在的网络世界一样，日新月异，稍有懈怠就会落后。

我一直觉得，不管做什么样的工作，每天都要学习。

我经常在接待客人的间隙打开电脑，查询新的药品信息。

时间是良药

既然是药剂师，药品知识就必须是最新的、最前沿的，所以我一直在努力学习。

以前，药店里有一位因为要养育孩子而停工的工作人员，50多岁时又重新回到了配药的岗位上。

"我不清楚那些新药的名字，这可怎么办呀？我真担心自己今后还能不能重新学习。"听了她的话，我对她说："我也是每天都在学习。不了解的事情，试着去了解就好了。何况，你还比我年轻30岁呢。"

应该有很多人和这位工作人员一样：虽然现在在工作，可一旦组建家庭，就因为养育孩子而停下来，一段时间后又要重新开始工作，面临全新的工作挑战。

或者，也有人会产生"我的人生就这样了吗？"这一念头，不断思考自己的人生。

类似地，也有很多人会对向着没经验的事情迈出

第 1 章
好奇心是良药

第一步，或是对再度踏入社会工作时即将面对的"空白期"感到不安。我很幸运能够长时间持续从事同一份工作，但遇到环境变化的时候，也会感到不安。

药店的情况也在不断地发生变化。

电脑出现之后，互联网、智能手机等信息技术发生了令人无法想象的进步，导致我在几十年前就萌生了"我也该退休了吧"的想法。

即便如此，我现在还是在年轻人的帮助下参加着Zoom[1]线上会议。总要试一试嘛。

随着年龄的变化，不安感总会随之而来，不可避免，但一定还有自己能做的事情。

而且，对任何人来说，人生中都不可能有和昨天

---

1. 一款多人手机云视频会议软件。——译注

时间是良药

完全相同的今天。

在药店里，每天都会有新的邂逅和对话。即使是同样的客人，也会发生不一样的对话，何况还会有不同于昨天的客人，有新的邂逅。

即使每天看起来都一样，实际上也不会是相同的一天。

即使来的是同样的客人，也不一定发生同样的情况。如果有"因为是同样的客人，所以今天也一样呢"的想法，那就不是一个合格的药剂师了。因为哪怕只有一点点变化，也和预防疾病休戚相关。

在岁月的长河中，我强烈地意识到，好好地关注眼前人的现状是很重要的。这一点对任何人来说都是一样的吧。

"关注今天，认真地对待今天。"

第 1 章
好奇心是良药

　　人人都要怀着这样的心情，真挚地面对自己每天从事的工作和每天应该做的事情。对于变化带来的不安，不要去理会它，而是要通过积极看待眼前的事物来消除它。

　　在工作场合，虽然空白期可能会带来麻烦，但你也可能会由此发现以前没有注意到的新事物。如果每天怀着"今天在这里会发现些什么"的心情去工作，就会对这份工作的历史、变迁、未来等各个方面都产生兴趣。

　　说到这个，有人会觉得那是很难的事情，但我所说的既不是很难的事情，也不是只有某些人才能做到的。只要把每一天都当作和昨天不一样的特别日子来过，无论什么时候，无论是谁，都可以做到。

　　之前提到的那位50多岁时重新回到配药岗位的工

时间是良药

作人员，面对自己的空白期，花了很长时间才再次成长起来，成了被很多客人仰慕的优秀药剂师，长期作为重要的战斗力支撑着药店。她说，回想起当初刚回来时的那种不安感，就像在做梦一样。

人无论从什么时候开始，都能拥有新的体验；无论从什么年龄开始，都可以有所成长和发展——这是对我来说非常宝贵的经验。

没有和昨天完全一样的今天。今天和昨天比,发生了很多不一样的事情,就看你能不能发现它们。

3

人要活在"现在"
这个瞬间

第 1 章
好奇心是良药

了解新鲜事物是让人开心的事。

不管是了解新的药品、在周围人的帮助下学会使用电脑的新功能,还是在手机的LINE[1]上和家人交流,都是让我心潮澎湃、保持青春的灵药。

能学会使用LINE和发送电子邮件,我感到很开心。

一瞬间就能把信息送到对方手上,我觉得这是现代版的书信交换。能够收到彼此的消息,都会很高兴吧?

了解新鲜事物,也是了解"思考事情的方式"。

1.日本的一种即时通信工具,类似微信。——译注

时间是良药

和我成长的时代所盛行的家庭理念完全不同的新家庭理念，也是我每天从客人那里学到的新知识之一。

"努力工作、支撑家庭，任何时候都要奋力生活"这一点，无论是战前、战中、还是战后，无论过去还是现在，都没有改变。但是，随着历史的发展，家庭的状态和人们工作的环境都发生了变化。

人和社会都在不断变化，所以我一直不想成为一个说"过去真好"的人。以前是以前，现在是现在，各有各的好。

比如说，家庭的生活方式就因时代的演进而变得大不相同。

以前的家庭有以前家庭的优点。那是三四代人在同一屋檐下生活的时代，是祖父母理所当然地帮忙养育孩子的时代。

第 1 章
好奇心是良药

由于整个家族都在帮忙抚养孩子，所以那时候的孩子很少会有被孤立的感觉。相对地，那时会有侵犯个人隐私的问题，刚刚嫁进门的媳妇儿也可能会感到窒息。

在现在这个时代，养育孩子的母亲也可以出来工作了。女性生气勃勃地去工作的情况已经变得很普遍，这是一件很棒的事情。

随着小家庭化的推进，以前自然而然地向长辈求教育儿经验或是向长辈寻求帮助的情况变得越来越少。此外，单亲家庭也不少见。可以想象，在这种情况下养育出来的孩子更容易产生孤独感。

不过，现在仍有一些母亲沿袭了传统的育儿方式。

平时，看到带着孩子来店里的妈妈，我都会有意无意地跟对方搭话，也许是想更多地了解正在养育孩

时间是良药

子的妈妈们的心情吧。如果知道了对方的情况,也许我还能给出一些建议。

如果是很常见的问题,那我就能帮助对方解决。如果并不常见,我也可以借机学到新的东西。

我认为,若想向别人"传达"自己的想法,要先确认自己和对方一样活在现在这个时代,这一点非常重要。我不想成为明明没有关注现在,却总说"以前是这样的",把自己的时代观念强加给别人的"古人"。

"我想了解自己所不知道的事情。"

"我想让此刻的自己,变得比以前更好一点儿。"

"我想让自己学到的东西能够有所应用。"

"我想做一个活在当下的人,一直保持求知的姿态。"

第 1 章
好奇心是良药

只要保持这样的心情,人就总能展开好奇的翅膀。更重要的是,像这样来度过"今天"的话,会感到非常开心。

虽然这么说,但我想"活在当下"最迫切的理由,则是"别人都知道,只有自己不知道,那就太无聊了"……应该是这样的。

一个话题,只有你不知道,其他人聊得兴高采烈,你会觉得很无聊吧?

我并不是想赢过谁,

但我想无论何时都活在当下。

可能我确实还是不服输吧。

『过去真是好呢。』
我不想成为说这种话的人,
因为人要活在『现在』这个瞬间。

4

倾听身体的声音，
不要说对自己有害的话

时间是良药

我会尽量不使用"累了"这个词。

理由很简单：一旦使用了这个词，真的会感觉很累。

如果这个词变成了口头禅，那就更麻烦了。身体会对"累了"这个词产生反应，即便事实上你并不累，身体还是会做出回应，让你感觉很累。

当然，我并不会强求工作人员也这样做，但知道我不会使用"累了"这个词后，年轻的工作人员也都不再说"累了"。像这样，自身的活力能够成为周围人的精神源泉，在我看来是一件令人开心的事。

第 1 章
好奇心是良药

特别是最近，比起年龄大的人，年轻人更倾向于使用"累了"这个词，一张嘴就说"累了""懒得动"什么的。也许，过度上网或长时间使用手机导致的眼睛疲劳、姿势不良、肌肉缺乏锻炼等，实际上都会带来很累的感觉吧。

本来，"累了"这个词是在一天结束时使用的。

一天结束的时候，如果真的累得站不起来了，就可以在说完"累了"之后倒在床上，下一秒便睡过去。

或许当"累了"成为口头禅时，思维就会冲在前面，先于身体获取"累了"的信息，如此一来，等身体跟上思维的节奏时，自然会觉得不舒服。

在日常生活中，我们的内心、身体或是头脑难免会感到疲劳，但人本身是可以很好地平衡使用三者的。我们通过睡眠来缓解一天的疲劳，第二天依旧能精神饱满地活动。

现在，你会因为什么而感到疲惫？是因为内心、头脑，还是身体呢？

你可以自己试着稍微注意一下。

这就像自己对自己进行问诊一样。这样做的话，你所必需的"药"就会自己呈现出来。

这里所说的"药"，可能是好好休息、保持规律作息，可能是向别人倾诉烦恼，也可能是寻求医学上真正的药以消除身体上的不适。

以"累了"为首，那些不经意间脱口而出的话，是来自我们内心深处的信息。虽然"累了""麻烦""讨厌""难受"等词语出现的时候，身体可能还是"未病"的状态，但一直这样说的话，可能就是身

第 1 章
好奇心是良药

体会生病的信号。

　　身体一直在认真地倾听你的声音。那么,你也有必要好好听一听身体和内心的声音。

身体是很真诚的。
它会完全接受
『全部是自己的错』这种话。
不要说对自己有害的话语。

5

发现残留
在某处的光芒

时间是良药

在漫长的人生中，我们有时要直面自己无能为力的事情，有时会被卷入意想不到的不幸或糟糕的事件中，或者经历病痛……这些都让人感到绝望。

我人生中所经历的绝望体验，就是战争。

在东京遭到空袭的前两天，我们一家人拼命挤上火车，被疏散到长野。东京遭到空袭的那天，从长野望过去，东京那边的天空被染成了红色。现在想起来，这一切都像是昨天发生的一样。

空袭结束后，我们从池袋回来时，街道已经完全被烧毁了。我无法忘记从池袋的高台看到对面的大海时所受到的冲击。

第 1 章
好奇心是良药

当时我只能看到一条地平线,以及没被烧毁的、残留下来的皇宫附近的绿色森林。其他的一切都被烧毁了,连瓦砾都没留下。报名参加特攻队的朋友没有回来,亲戚和熟人也死了很多。

战争夺去了很多东西。战争结束的时候,所有的人都感到灰心、绝望,国家陷入一片黑暗。我甚至觉得,这个国家想重新站起来是不可能的。

然而,人们并没有一直陷于绝望中。

第二次世界大战结束后,我们一家人从长野回到了东京。在被烧毁的原野上,父亲从零开始,开设了希尔玛药店。

那是一段从早忙到晚,一年到头都没有休息,为了生存而努力坚持的日子。那是一个即使有钱也买不到东西的时代。战争期间,每天都要通过在黑市拿代

时间是良药

替砂糖的糖精一类的药品以物换物，才能得到当天的粮食。

也许正是因为有过那样的经验，现在即使事情一筹莫展，感觉已经不能再继续下去了，我也相信在某个地方一定会有光照进来。我们能活下来，就意味着我们可以活下去，而且我相信，活着的人，其人生都有自己的意义。

战争也好，大的灾害也好，令人痛苦的事也好，既然已经发生的事情无法改变，我们就只能从那里站起来，向前迈出一步。

如果你能从另一个角度看待绝望的话，可以说你已经迈出了这一步。

就像当初被烧成灰烬的东京还有残留的建筑一样，我一直有"虽然发生了战争，但我还是活了下来"

第 1 章
好奇心是良药

的想法，它让我想在余生完成自己的职责。

毋庸置疑，这已经成为我作为一名药剂师的使命和热情，并且一直支持着我。

虽然现在的年轻人都是不了解战争的一代，但是在战争之外，日常生活中他们也会遇到痛苦的事情和意想不到的不幸。只不过人的烦恼是很难从外在看出来的。

每个人的烦恼各不相同，如果说有什么可以通用的解决办法，那就是将凝视着失去之物或望向绝望的目光，转向那残留的光芒。

你可能会觉得"绝望的时候看不到光明"，但只要你还活着，就说明还有你应该做的事情。

只要活着，就要行动起来。等心情恢复平静以后，也许你就会发现，周围有人在向你伸出援助之手。

时间是良药

95岁那年,我做了人工关节置换手术,这让独自行走对我来说变得有些困难。尽管如此,我还是抱着即使拄拐杖也要走路的希望,每天进行康复训练。

我在受伤的时候并没有绝望,是因为我经常想,要把目光投向残留的光芒。就算失去了一切,只要还活着,就一定能找到残留的光芒吧?

我想和所有人一起,继续寻找那"光芒的碎片"。

无论遇到什么样的痛苦,只要你此刻还活着,就说明你应该活着。只要活着,就一定能找到光明。

6

与其后悔,不如寻找
自己所选道路上盛开的鲜花

第 1 章
好奇心是良药

"不要想着改变已经发生的事情,不要试图改变他人。"

我平时站在店里的时候,心里总是记着这一点。

和老年顾客聊天,常常能听到他们回忆漫长的人生,有兴致勃勃地追述往事的,也有后悔年轻时没好好养育子女的。

"明明还有想做的事情啊。"

"两个人都有工作,没能好好照顾孩子。"

"要是好好珍惜和丈夫在一起的时间就好了。"

时间是良药

我觉得类似的各种后悔，如果反复回忆，就要无数次体验那种后悔的心情。比起这些，我更愿意回忆自己所选择的道路上盛开的鲜花，把时间花费在寻找开心的事情上。

我希望能度过一个不是原地踏步，而是大步向前的日子——我希望每一个"今天"都是这样的一天。

比如说，即使犯了小错误，而且导致那个错误的人是自己，我也不会一直后悔，而是只把目光放在现在能做的事情上。如果那个错误是其他人导致的，比起持续的责备和怨恨，我更想和对方展开对话。

对此，家里人开玩笑地说我"只顾前面"（也许是吧）。不管什么事情，只要还有办法，我都要试试看，这是我的原则。

懊悔过去，有百害而无一利。要知道，后悔是一

第 1 章
好奇心是良药

种毒药，今天走出的这一步，并不是要改变过去或是改变谁的一步，而是改变自己的一步。

说实话，我和孙子康二郎经常"吵架"。

虽然我知道他在我不知道的地方为我做了很多，但我这个人是"无论做什么，都想自己掌握"的性格，无论如何都不服输。康二郎却不怎么爱说话，在我要刨根问底的时候，他就会故作高冷地睬着我。

所以，有时候在回家的出租车上，我就会说："我们好好谈一谈吧。"

康二郎一个人住，就在我的住所附近，我会先下车，有时到家后我会想："啊，刚刚我说得太多了吧？"

这种时候，我绝对不会选择后悔一晚上。我会马上拿出手机给他打电话，说："刚才对不起了。"然后我们立马就会和好。

时间是良药

不能因为是家人，就觉得"他应该会明白"。而且，因为还要一起工作，所以我希望第二天早上能神清气爽的。

以前的我因为比较顽固，所以很少道歉。随着年龄的增长，我现在变得坦率了很多。

不可思议的是，越是紧紧地攥住芥蒂，就会离解决问题越远。一旦放开紧握的手，事情就会自然而然地得到解决。

最重要的是，"对不起"最好早一点儿说。时间一长，你就很难说出口了。

当然，也要第一时间坦率地接受对方的"对不起"。拒绝接受，然后纠结几十年，不觉得很可惜吗？

年龄越大，我越想轻松地生活。

无论何时，我们可以改变的都只有自己。如果改变了自己，对过去的懊悔和对他人的执着也就都能放手了。

第 2 章 前进是良药

1

早上的第一声问候,
会唤来美好的一天

第 2 章
前进是良药

我相信，问候语代表了一天的心情。

特别是早上初次见面时的第一声问候，是会影响一天的重要行为。

早上起来，首先要向家人问声"早上好"。如果亲人不在了，对着佛龛上的照片，也要好好地问候一声："早上好。今天也请多多关照。"

如果你早上做的第一件事就是看着对方的眼睛、全心全意地进行问候，那么这一天一定会是个好日子。带着敬意问候，是我在漫长岁月里自然而然学会的"咒语"，是每天早上都要做的事情。

还有一件重要的事是我每天都要做的。

时间是良药

那就是每天早上一到药店,就对着空空荡荡的配药室深深地鞠一躬,并致以早安问候。

"今天也请让我给客人们递去他们必需的药品吧。"

"今天也请多关照。"

我会一边在心里念着这些话,一边深深地鞠躬。这是我75年来每天都坚持的习惯。

我们和客人的交流,也是从鞠躬开始的。在我们的药店,一定要先鞠躬并做自我介绍,然后再介绍药品。

当然,要先感谢客人们在众多的药店中选择了我们。对于客人来说,我们充当了他们与"吃药"这一

第 2 章
前进是良药

私人事件之间的桥梁。既然知道了客人的私事,药剂师自然也要好好地报上自己的名字,怀着尊敬的态度贴近客人的人生。

据说,鞠躬这种文化,早在飞鸟或奈良时代就已在日本扎根。

鞠躬(お辞儀),如其文字所示,是一种仪式。对于日本人来说,这是一种有着悠久历史的敬礼仪式。

只有用心地行礼,才能打动对方的心。也只有心怀敬意,行礼才是有意义的行为。我觉得,仅仅是为了向他人展示自己的谦卑而一个劲儿地鞠躬,会有损于自己的敬意。

对于对自己来说重要的人或事物,要全心全意地鞠躬。要挺直腰板儿,不要驼背,认真地看着对方的眼睛或注视着要行礼的事物,坚定地鞠躬——我认为

时间是良药

这才是真正的鞠躬。

在生活中,无论是自己交往的人、所从事的工作,还是所参与的一切事务,我都想怀着一颗感激与尊敬的心来对待。乍一看,这好像是为其他人所做的事情,实际上这和珍惜、尊重自己的人生紧密关联。

最能展现出敬意的,就是日常的问候。

怀着一颗真心,配上真切的声音和恰当的鞠躬——让人心情舒畅的问候,将传达出你的敬意。

挺直腰板儿，鞠躬。
看着对方的眼睛问候。
带着敬意的问候，
会唤来美好的一天。

2

"习惯"造就的"新空间",
会为生活带来全新的改变

第 2 章
前进是良药

值得庆幸的是，我从来没有因为工作而感到痛苦，也从来没想过放弃。

对我来说，每天早起上班是必须做的事情，是理所当然的事情，是一种习惯。

所谓习惯，就是养成它需要花费一定时间，一旦养成，如果不按着它做的话就会觉得不舒服。比如说，早上刷牙、整理着装等，就是很好的例子。如果你也想"工作一辈子"，那么早些把这种工作方式变成习惯可能会比较好。

即使你在公司工作到 60 岁，然后退休，其实仍很年轻，应该去尝试一些新的事情，并使之成为一种新

时间是良药

的习惯。

你可以做一些迄今为止一直想做的事情，也可以试着培养关注健康或饮食的生活习惯。不妨想一想：什么样的生活方式变成习惯后，会让自己感到满足呢？我觉得，即使只是试着这样考虑一下，也是一件好事。

我每天早上都是第一个到店里的，比任何人都要早。关店之后，我也是最后一个离开的。对我来说，迎接并送走一起工作的员工和客人，是一种习惯，也是最理想的状态。

说到工作以外的习惯，那就是我每天早上都会喝酵素饮料，晚上喝奖励啤酒。还有就是每次出门的时候，我一定会把眉毛画好，涂上口红，再涂好腮红。

以前，我还有每个月都去表参道的美容院烫发和染发的习惯，但现在因为要做脚部的康复训练，所以

第 2 章
前进是良药

请了其他的美容师过来帮我打理头发。

保持健康的习惯、工作的习惯，以及作为女性注重仪容仪表的习惯，这些对我来说都是非常重要的习惯。而且我觉得，一件事一旦成了习惯，完成起来就不会觉得麻烦了。

习惯越多，就越能保持精力和肌肉力量，所以随着年龄的增长，增加自己的习惯，更积极地应对挑战，可能是长寿的秘诀之一。习惯一旦养成，你就不会觉得"我讨厌这样做""这样做真麻烦"了，你的身体会不由自主地动起来。

这样一来，你的生活就会不可思议地产生"缺口"，或者说会有更多的空间。你会有更多的精力去做自己想做的事情。通过打造"习惯"，就能产生这样意想不到的效果。

时间是良药

现在，我正千方百计地想养成的新习惯，是熟练地使用电脑和智能手机。我希望自己不用思索或者不用问别人，就能快速而熟练地操作和使用它们。

我相信，不管你年纪多大，都可以尝试新的挑战，把新习惯转化成自己的东西也是完全有可能的。

如果一开始就设定一个大目标的话，很容易发生三天打鱼两天晒网的情况。我虽然没有对自己抱过多高的期望，但因为定的目标太大，也放弃过很多次。这样想来，还是从小的目标开始比较好。

习惯的养成一定要从每天都能做的事情开始，从类似"至少这个可以每天坚持"的小事开始。或者，即使你不去做，也可以在脑海中的某个地方想一想："如果能做到这一点就好了。"认真思考也是养成习惯很重要的一步。

好的习惯越多,心态就会越轻松,身体也会变得轻快。这样创造出的空间,会为生活带来全新的改变。

3

好的"应该"
和不好的"应该"

第 2 章
前进是良药

每天早上起床去工作,对我来说是应该做的事情。

这一点在前面已经说过了,但我觉得,"应该"分为两种:一种是良药,一种是毒药。

当你心里觉得"这是应该做的,必须好好做"的时候,它就是良药。当自己该做的事情已经明确地变成习惯,你就不会对行动抱有疑问,也不会产生厌恶的情感。

也就是说,好的"应该"里不会出现多余的烦恼,是一种能够毫无杂念地面对一切的状态。我相信,当一个人坚定地朝着一个目标前进时,他就会变得强大,也会取得很大的成就。

时间是良药

更重要的是，这样人就不会产生其他烦恼了。

比如，在战争期间，你必须在轰炸中生存下来，每一天都要活下来，这是你唯一的目标，所以你不会产生其他烦恼。

又比如，在战后初期，大家都很穷，工作机会也很少。除了拼命做好眼前分配的工作，人们根本无暇烦恼。

烦恼的产生，都是在生活富足的时候。

只有当没有生命危险、生活富足之后，你才会产生烦恼，才会担心"这份工作真的适合我吗？"等问题。

是的，你会有烦恼，你会有不想做的事情，也会有想放弃的事情。其实，有这些想法本身就意味着"富足"。所以，当你觉得"我不想做啊"的时候，也

第 2 章
前进是良药

应该注意到隐藏在背后的"富足"。

需要注意的是,被别人强加的"应该"会成为有害身心的毒药。对于这样的"应该",也许有必要质疑一下。

在店里工作的时间比其他员工都要长的我,平时也会向自己确认,是否有人把"应该"强加给我。

我会有意识地重视年轻人的意见和想法,也是因为这个原因。

在希尔玛药店内,挂着一幅由绘画和照片构成的梦想地图,它描绘了药店所追求的梦想。这些都是根据年轻药剂师的想法,由药店的员工们一起绘制的。

另外,药店还有在母亲节当天送顾客一朵康乃馨的小活动,这也是由一位年轻员工提出来的,到现在已经持续了好几年。

时间是良药

因为我们不仅给女顾客送康乃馨，也会送给男顾客，所以有的客人就会问："什么？这是给我的吗？""您也有母亲呀！"听到这句话之后，客人就会微笑着接受这份礼物。我想，不管客人的母亲是否还在世，这一天都会让他想起自己的母亲——沉浸在记忆中的母亲节也很美好。

当然，这样做成本很高，而药店本质上应该是卖药的地方。如果以这种"应该"的标准来看的话，可能就没必要做这些事了。

但是，敢于挑战这种不好的"应该"，会带来全新的局面。通过共同努力满足别人心中所求，会给心灵带来一股清风。实际上，这款母亲节小礼物在客人当中广受好评。除了母亲节，女儿节、万圣节和圣诞节，我们也都会向客人赠送小礼物。

第 2 章
前进是良药

即使自己一个人做不到，通过和别人合作让一个新的想法变成现实，也是你每天都能完成的小小挑战。

好的「应该」会消除烦恼，被强加的「应该」会给心灵制造牢笼。时不时地重新审视一下自己的「应该」，创造新的想法吧。

4

与其争强好胜,
不如合作共赢

时间是良药

在医院的周围,药店总是很密集。我家在小豆泽地区开店的时候,这里一共只有两家药店,而现在则药店林立,被人称为"药店街"。

虽然各药店彼此是竞争对手,但同时也是邻居。

2015年,厚生劳动省提出了"从'医院'到'家庭'、到'社区'"的口号,倡导药店要立足社区。由于国家鼓励发展药店就诊和药剂师坐诊,日本便迎来了"客人自己选择适合的药剂师"的时代。

在这种情况下,我认为药店之间不应该相互竞争,而是要活用彼此的优势,这样才能一起更好地生存下去。这样的话,客人也能找到更适合自己的药店和药

第 2 章
前进是良药

剂师，真是一石二鸟啊。

我并没仔细考虑过希尔玛药店的特色和优势，但是有些客人告诉了我。

"很喜欢这种能随意进出的亲切氛围。""有愿意好好倾听我说话的药剂师。"这些令人开心的声音让我觉得，我们药店的优势就是这个了。

正如我之前讲的那样，希尔玛药店是战争期间因为空袭而被疏散到长野的父亲，回到被烧成荒野的东京后，从零开始建立起来的。

当时医生很少，药品缺乏，人们关于健康方面的咨询很多都是由药剂师回答的。药剂师也可以根据自己的判断销售药物，所以，比起去看医生，药店是更方便人们咨询的避难所一般的存在。

父亲和我们都是抱着这样的想法在拼命工作。

时间是良药

我的儿媳和孙子,还有一起工作的药剂师们,现在也继承了父亲那个时候的志向,这真是令人开心的事情。

还有一件令人欣慰的事,那就是有客人说:"是为了能和荣子老师说话才到这里来的。"上了年纪的人很难对年轻人诉说自己对身心状况和衰老的担忧。在这一点上,96岁的我最能感同身受。即使有比我还年长的客人,我们也可以轻松地交谈,因为我们是同一年代出生的人。

老年药剂师能做的最有意义的事,也许就是向年轻人展示即使老了也可以保持快乐的姿态。

因此,骨折后虽然需要使用拐杖和步行器,但我还是努力进行康复训练。看到我这样做,比我年轻的人要是能说"我也会努力的",我就会觉得,这是我

第 2 章
前进是良药

作为一个药剂师最大的荣幸。

　　虽然做不了什么了不起的事情,但是,如果我每天的小小努力能给周围的人带来勇气,我就一定会尽我所能。

比起一个人争强好胜,不如活用自己的优势,与他人合作共赢。

5

始终和社会联系在一起
是保持活力的秘诀

时间是良药

多年来，通过对客人的观察，我发现健康的老年人有一个共同点。

那就是从年轻的时候开始，他们就注意保持均衡的饮食、充足的睡眠，并找到了适度运动和消除压力的方法，始终给人一种活泼、积极的印象。

退休之后，待在家里的时间变长，人就会迅速变得不愿处理事情。我觉得，退休之后也能和工作时一样积极生活的人，会一直很有精神。

我现在还能积极生活，是因为我的儿媳公子（她也是药剂师）每天都为我准备营养均衡的午餐，而我自己白天会好好工作，晚上也睡得很香。

第 2 章
前进是良药

另外,对所有人来说,与人交流都是保持大脑健康的良药——这和年龄无关。我相信自己为客人提供药品的同时,也从客人那里获取了能量。对此,我非常感激。

在公司工作的人,大多数是在60岁或65岁时退休的,但现在60多岁的人都还精力充沛,可以说是正当年。很多有了孙子的人,甚至比孩子父母辈的精神还要好,这是因为他们从孩子那里得到了力量,在和孩子玩耍的过程中增强了体力。

现在这个时代,人能活到100岁。作为社会的一员,从退休到100岁的40年,和我们工作的时间一样长。

这40年,是第二人生,绝不是余生。

如果有能力从事新的工作,去工作当然最好,即

时间是良药

使不重新工作，也可以去做以前想做的事，去学以前想学的东西，或者去挑战任何新鲜事物。

当听到一位60多岁的女性在丈夫去世后，开始不停地挑战自己感兴趣的事情，开始从事教授粉蜡笔画艺术和花卉日常护理的工作时，或者听说退休后夫妻俩一起开咖啡店时，我都会很开心。

为了保持蓬勃朝气，实现健康长寿，我们需要不断地迎接挑战。在我看来，始终与社会联系在一起是保持活力的秘诀。

如果可能的话，不要做免费的志愿者，而是要按劳取酬。既然要领钱，就必须以专业意识去对待工作。我觉得，积极意义上的紧张感会激活我们的大脑。

如果你现在已经四五十岁，就应该开始考虑退休

第 2 章
前进是良药

后要做什么了,这是激动人心的时刻。和丈夫或妻子一起去挑战新事物也是非常好的,那一定会成为你们的开心岁月。

无论欢喜还是忧愁,人生都只有一次。下定决心,勇敢地尝试一些迄今为止自己想做但还没做的事情,可能是通往幸福的关键……

第二人生有40年之久。
你不觉得，从那里开始，
从零开始，
也很不错吗？

6

回想一下
最初的心愿

时间是良药

不管是学生时代还是成年之后,我都很喜欢去看外面的世界,也经历了很多旅行。我还跟丈夫一起去过欧洲和其他许多地方。

要问我是从什么时候开始喜欢到处走的,我能回忆起来的是小学二年级的事。

当时,我已经开始在位于巢鸭的大正大学的老师那里学习书法。

有一天,老师问我愿不愿意在上野的美术馆展出我的书法作品。之后,我们五六个人便应邀去美术馆展示自己的书法。

第 2 章
前进是良药

在写着"春近有梅知"的书法作品上,我盖上了落款章,把它变成了我的自信之作。

展览期间,老师本来是让我们五六个人到他家集合,然后他带着我们一起去美术馆,但是我迟到了。我到老师家时,被告知"他们已经先走了"。

我不甘放弃,无论如何都想去美术馆看一看。于是,我带着七分钱从池袋乘坐东京都电车到了上野,然后去了美术馆。

因为家里人经常带我去上野动物园,所以我凭着记忆坐上了开往厩桥的电车,之后在大冢三丁目换乘,向着不忍池畔出发,最终在上野站下了车。就这样,我自己一个人去了位于动物园旁边的美术馆。

但是,我到的时候大家都已经看完回去了。于是,我就确认了一下自己的名字是否在上面,然后又坐着

时间是良药

电车回去了。

回到家后被父母骂是在所难免的,但"无论如何都想看"的冒险记忆,鲜明地印在了我的脑海里。

有趣的是,那张被展示的书法前几天又出现了。

我意外地发现,这是战争期间我们被疏散到长野时我带的东西之一。于是,我把残破不堪的书法拿给客人认识的装裱师重新装裱,修复之后的书法和原来一样漂亮。

每次看到挂在壁龛里的这张书法,我都会想起当时的情景,然后不自觉地露出笑容:"真是三岁看到老呀!"

我觉得,人的本质是不会改变的。

书法和旅行一直是我最喜爱的两件事,它们丰富了我的人生。与此同时,我也一直保持着"冒险心"。

第 2 章
前进是良药

当你想探索新的事物和兴趣，想开始做喜欢的事，但不知道该做什么的时候，可以回想一下自己小时候的性格和让你开心的事，或许你能找到想做的事情。

我觉得，做自己想做的事、实现自己的梦想，是无论多大年纪的人都可以做的。

如果你整天躲在家里，心情和身体都会变差。尽量让自己走出去，哪怕只有一小会儿，也要和社会保持联系。试着着手做一些自己想做的事情吧。为什么不重新点燃自己的好奇心呢？

人是只要有想做的事情，即使不努力也会被推着行动的生物。所以，越有目标，人就越能保持活力。

性格和喜好是不会改变的。如果找不到想做的事情,就试着回想一下自己小时候喜欢做的事情吧。

第 3 章 温暖是良药

1

有人倾听,
心里就会轻松一点儿

第 3 章
温暖是良药

对于医生开的处方药，很多人会有"这么多药，必须一直吃吗？""可以和平时喝的营养品一起喝吗？"之类的疑问。

如果内心有类似的疑问和不安，希望你能向经常给你开药的药剂师咨询一下。"我可以问这个吗？"也许有人会这么想。答案是肯定的。药剂师虽然是药物专家，但也充当着心灵和健康的咨询师。

最了解你和药物的关系、什么都可以与之商量的人，就是药剂师了。正因如此，我才希望你可以拥有自己专属的药剂师。

而且，只要有人愿意倾听，你的内心就会变得轻

时间是良药

松一些。我觉得，跟别人聊天本身就是一种治愈。

就我自己而言，在听别人说话的时候，不管是什么样的情况，我都会用心倾听。而且，对方说话的时候我不会插嘴，会认真听完对方的话再回答。

即使对方所说是我认为绝对不能做的事情，我也不会打断对方，告诉他"那样不行，请不要那样做"。如果让对方感觉自己被否定了，那就失去了谈话的意义。

我觉得，即便你不立刻否定，说话的人也很清楚最好不要那样做。如果不分青红皂白地打断对方，并且强烈地表达想改变对方的想法，往往会适得其反。

如果站在对方的角度，会是怎样的感受呢？要怎么样表达，才能让对方觉得自己理解他的想法呢……我会一边思考这样的问题，一边认真地听对

第 3 章
温暖是良药

方讲话。

怀着让对方继续说下去的心情，我会这样问："是吗？所以您才会喝那么多酒。就不能不喝吗？"

这样的问题如果是家人问的，可能就会成为吵架的导火索。不可思议的是，如果由我这个老太太来问，很多时候他们会坦率地承认："是啊。也许是因为爱人让我失望了吧，不知不觉就喝了很多。"

对于自己改不掉的坏习惯和人际关系方面的咨询，比起家人，我更推荐和关系上稍微有些距离的人进行交谈。

虽然都会认真听你讲话，但在和你稍微有点儿距离感的人面前，你会更加坦诚。因为适当的距离感能够让你坦率地接受对方的反馈和意见，从而用更客观的眼光重新审视自己。

时间是良药

我平时会告诉客人们,他们可以向我倾诉任何事情,不光是对药物治疗的担心、健康方面的事情,也包括那些不好开口的事情。

当然,我既不是医生也不是心理专家,所以我可能会介绍相关专家给客人。我觉得,仅仅是切身感受到身边有人在倾听自己讲话,你面对的问题就会显得没那么可怕。

心里有小不安的话,请一定找人聊一聊。说出来,心里就会轻松一点儿。

2

关心他人,"只说一句"很重要

第 3 章
温暖是良药

我觉得,药剂师的工作是一份"关心他人的工作"。

而在意或关心他人这件事,在自己累了或是心情低落的时候,是无法做到的。

只有脚踏实地,自己做到自立了,才能真正地为他人着想,关心、关注他人。正因如此,我每天都努力确保自己的身心健康。

所谓关心别人,就是为别人着想。

这并不意味着你要代替对方去做什么,也不意味着你可以期待改变对方。

对我来说,所谓关心他人,就是跟对方"说一句话"。

时间是良药

在向顾客说明了药品之后,再说一句"你好像好多了呢"。

听了这话,客人的脸色会一下子变得更加明亮,整个人充满活力。

我相信,发自内心、为对方着想的一句话,哪怕是随口一说,也会在对方心中变成重要的话语。

所以,我会若无其事地告诉客人:"我很关心你。"

重要的是,只说"一句话"。

如果说得太多,对别人的问题介入太深,最后可能会让自己反为其乱,无法自拔。

每个人都会不自觉地用自己的价值观和正义感向对方说教,但请你克制一点儿,千万不要那样做。

如果你先在自己心里告诉对方"你这样就很好",那么,你的语言必然会变少,甚至一句话就足够了。

第 3 章
温暖是良药

只有和对方保持适当的距离，你才能去关心对方、体谅对方。正因如此，我觉得"只说一句""只靠近一步"会比较好。

这不是社交距离，而是心理距离。我想尽量让自己的心和对方的心保持适当的距离。

如果你忽视对自我的关爱而去担心别人的话，那可能不是真的在为对方着想。说些"这样去做就好了"之类的，是在向对方施加期待，或者是想通过关心对方、在意对方，来确保自己在对方心中的位置。

如果你把自己真正想做的事情搁置下来，转而去给别人提建议或施以帮助，会让自己的身心都逐渐走向疲惫。

都说"病由心生"，从某种意义上说，可能是

时间是良药

"病由多管闲事而生"吧。

如果对方最终没有按照你的预期行事,你可能会感到不满,觉得自己"白白为他做了那么多"。

除非对方主动采取行动,否则什么都无法改变。指手画脚地让别人"这样做比较好""那样做比较好",会让人厌恶你说的话,心也跟着渐渐与你疏远。

如此一来,你剩下的就只有孤独而疲惫的、没能照顾好自己的自己……这样本末倒置,是不是太得不偿失了?

所以,在关心别人之前,要先关爱自己。

无论什么时候,都要先关爱自己。

如果自己健康、安定、内心丰富的话,就会自然而然地想和对方交流。我觉得,这个时候发出的声音,才没有对对方的期待,充满了直率、真诚的善意。

关心他人,『只说一句』很重要。只需充分表达自己的关心。想进入对方内心深处,试图改变对方,就是多管闲事了。

3

从不找借口，
也绝不接受借口

第 3 章
温暖是良药

那是很久以前的事了。

一位70多岁的男顾客配完药之后离开了药店,说"一会儿过来取药"。他回来的时候店内人很多,我无法马上给他拿药,为此他生气地离开了。

关了店之后,为了再次道歉,我去了那位先生的家。他就在门口敷衍了事地说:"好了,我知道了。"但不知为什么,我觉得不能就这样算了,就对着马上要关上的门,像警匪剧里的场景那样,用拐杖别着门说道:"不,请您好好听完我的话。"

我慢慢地说了这样一番话:"让您感到不快,我真的非常抱歉。但是,如果不知道客人为什么感到不

时间是良药

快，无论如何我心里都过不去。可以请您告诉我吗？"

大概是败给了我的执着吧，那位先生叹了一口气说道："其实，几个月前我的妻子去世了。我一个人感到很孤独，不管是打扫卫生还是洗衣服，都必须一个人做，还要去拿药……因为心情烦躁，不由得就变得态度强硬起来。不过，你因为担心我而来到这里，真的非常感谢。"

当然，在今天的日本，如果抓住一扇要关上的门说"我们谈谈吧"，可能会引起警察的注意，但社区药店是客人的避风港，我不想让他们失望。

我想，是因为我相信自己"不能就这样算了"的感觉，并且采取了行动，那位客人才向我敞开了心扉。

抱怨、生气的人，很多都怀着巨大的悲伤。无处发泄的悲伤，有时会变成愤怒喷涌而出。特别是独居

第 3 章
温暖是良药

的老人，他们的不安和悲伤更让人难以承受。以前我就考虑过这个问题，现在这样的人应该更多了吧。

> "怀着恐惧的心，什么事情也做不了。"
> "我之所以成功，是因为我从不找借口，也绝不接受借口。"

南丁格尔说过这样的话。

虽然我不是护士，但在和心怀愤怒与悲伤的人接触时，我不会像触碰到肿物一样小心翼翼地对待他们，也不会慌慌张张地逃走，而是会坚定地面对他们。

不辩解、不开脱，而是认真地、一心一意地、真挚地面对眼前的人，这是我一直以来都很重视的事情。

时间是良药

　　当然，这一点不仅限于药剂师。我觉得，这是一个适用于所有人的重要准则。
　　不要害怕表达自己的意见，同时要敢于大大方方地承认自己的错误。
　　我相信，只要有这个勇气，无论什么时候你都能找到自己的方向。

与人面对面交流的时候,要真诚、认真。不辩解、不开脱,坚定、真诚地表达自己的意见。

4

照顾自己的情绪
是最有效的药

第 3 章
温暖是良药

每天和顾客聊天、把药递过去的时候,我都在想:也许"病由心生"这句话是真的。

无论是谁,生活中都会遇到让人意志消沉的事情。如果一直担心这些的话,我们的身体就会生病。

我想告诉这些人的第一件事就是"原谅自己"。

很多人都会责备自己的过去或是现在,这样就会导致失眠,或是肠胃功能变差,有时还会引发疾病。

"责备"只会带来危害。不管是责备自己,还是责备别人,都是一样的。

如果一直责备他人,对某人发火,你就会莫名其妙地头痛,或是胃痛。

时间是良药

而对于自己,即使责备自己"为什么就生病了呢?""为什么自己就做不到?",也不会换来任何好结果。因为你很难回答出"为什么",所以产生的只有痛苦。

人无完人。如果你一直把注意力放在缺失的东西上,而且持续消沉的话,这个世界很快就会变得更加黯淡。

首先要原谅自己,和自己做朋友。

如果你不这样做,就无法产生对抗疾病和困难的强大力量。所以,一定要把对自己说的话改成激励的话。

"谢谢!""你已经很努力了!""真了不起!""没关系!""你可以的!"……每天都对自己说温暖的话语,一定会让自己变得更坚强。

第 3 章
温暖是良药

心里要想着"我是我自己的朋友",多关注自己的身体。当然,也要好好地回应自己身体的努力。

脚痛难受的时候,我会一边轻轻地抚摩脚一边说:"今天辛苦了,谢谢你。"不可思议的是,我的脚好像真的好了很多。

我是一名药剂师,但我不推荐只依赖药物生活。

最近,失眠的人越来越多,"吃药就能睡着,不吃药就睡不着"的人也很多。对于这样的人,虽然我不会强迫他们停止吃药,但我会告诉他们,消除导致失眠的真正原因才是最重要的。对于那些因为压力而出现肠胃疼痛的人,我也会说同样的话。

药物也许当时能抑制症状,但对很多人来说,若是继续维持目前的生活状况和所处环境,由心情引发的疾病就不会得到改善。为什么这么说呢?因为我觉

时间是良药

得生病是一种由于内心厌恶现状,身体在呼吁"请帮帮我"的状态。

这种时候,比药物更重要的,是好好地关注自己内心的情绪,确保自己能和自己的内心对话。

不管有多忙,哪怕一天只有30分钟,也要抽出时间让自己放松一下,这是非常重要的。

我的放松方式,就是每天工作结束后喝一罐啤酒。开啤酒罐时那种"啪"的声音,真的让人愉快。只要听到这个声音,我就能重新出发。

请大家一定要找到属于自己的放松时间和放松项目。

每个人都需要拥有一个可以照顾自己、让身心得到休息、让内心得到放松的角落。

你可能会惊讶地发现,这些才是真正能治病的药。

「病由心生。」

照顾自己的情绪,为了自己的幸福而努力,是最有效的药。

5

与其担心未来,
不如想想让今天开心的方法

第 3 章
温暖是良药

我从不为将来的事情担心。

可能是因为我的寿命已经不长了吧（笑）。事实上，我之所以不担心，是因为坏事大多只需要在发生的时候再去考虑就好了。即使是骨裂住院需要做复健的时候，我也一直抱着"还想到店里工作"的想法而努力。

就算想象自己走不动的样子并为此而担心，也只是徒劳。不到它真的发生，就无法真正面对，也不会知道那是什么感觉。所以，我才不想考虑将来的事情，也不会担心还没影儿的事情。

最近和客人聊天时，我发现很多人都在担心未来。

时间是良药

所谓担心未来，就是预测未来会发生不好的事。在我看来，无论怎么担心，都不能阻止不好的事情发生。不仅如此，如果我们一直想那些不好的事，还会诱导它们向错误的方向发展。

所以，我总是这样告诉那些爱担心的客人："不要总是担心将来的事情，为什么不做点儿让今天开心的事呢？"

会担心，就说明你还有时间担心。如果每天要做的事情多到做不完，你根本没时间担心。我们要确保自己的眼里只有现在所做的和想做的事情。

当然，你也应该为未来做一些准备。

比如为了不生病而调整饮食习惯，为了不让子女发生纠纷而考虑继承问题。这些都是非常积极的，因为它们并不是单纯地担心未来，而是在认真地采

第 3 章
温暖是良药

取行动。

所以,如果感到担心,就采取一些可以消除担心的行动。这样不是更好吗?

而且,我觉得把注意力集中在眼前的事情或者一些有趣的事情上,而不是担心那些无法阻止其发生,以及不知道是否会发生的事情,对你的身心和人际关系都有好处。

如果这样你仍然无法摆脱对未来的焦虑,觉得自己陷入了困境,那么,写下自己的想法以获得"解脱"也许会很有效。通过这种方法,你可能会意外地发现:"咦,原来我一直想的都是不知道会不会发生的事情啊。"

我写了很长一段时间的书法,这对帮助我整理内心非常有效。当你集中精力的时候,烦恼就会暂时离

时间是良药

开你的脑海。

另外，如果你有运动的习惯就更好了。

年轻的时候，我是排球部的一员，在九人制排球中负责后排防守。在我看来，社团活动和兴趣小组可以帮你打造归属感，同时增进人际关系，有助于保持身心健康。

我的孙子康二郎，从中学到大学都是排球部的成员，现在他还和很多排球队的朋友保持着联系。

即使不是激烈的运动，也会随着时间的积累而显现出效果。

为了永远保持健康，必须保持肌肉的力量，与人的交流也是不可缺少的。

与其担心未来,
不如想想让今天开心的方法。
如果埋头在今天的事情里,
就没有时间担心未来了。

6

只有互相扶持,
人才能一直向前

第 3 章
温暖是良药

一句简单的鼓励就是一种温暖,很容易让人开心起来。

就像我之前说过的,亲切地打招呼、给别人搭一把手,是我作为药剂师每天都要做的事情。

我会为一件小事向客人伸出援手,轻声说"我在为你着想",或者在客人离开时轻轻握住他的手……

当我对客人说"一起加油吧"时,这种对客人的关心,经常会直接从客人那里得到回声一样的反馈,这常常让我备受鼓舞。

我经常会给从整形外科看病回来的客人开膏药。我的信条是,膏药一定要贴得很平整。我总是会精神

时间是良药

饱满地告诉顾客："要贴得很平整哟！只要这样做，身体就会好起来的。"

但是，这个时代有很多独居的人，当需要在背部和腰上贴膏药的时候，他们身边往往没有可以帮忙的人。很多需要涂抹的药，客人也都没法自己涂。

这种时候，我就会若无其事地问他们："你要不要在这里贴一下？"当然，有些人会很惊讶，因为他们从来没指望一个药剂师能做那么多。

当我把洗手间借给别人用或者帮别人一个小忙时，对方都会露出欣慰的表情。

以前，护理工作叫作"救治"[1]。我觉得，对别人伸出援手，那援手就会变成名为"温暖"的药剂。

1.日文为"手当て"，意为（对伤病的）处置，救治。——译注

第 3 章
温暖是良药

不仅是对开膏药和涂抹类药品的客人，我对所有客人都会说："有困难的话，随时都可以来找我！我随时都会帮忙的。"然后，在客人离开的时候告诉他们："下次再见吧。"

接受别人的帮助绝对不是什么丢人的事，也不应该感到愧疚。我认为，只有把自己做不到的事情拜托给能做到的人，才能创造出一种良好互利的人际关系。而且，拜托他人也是让他人产生善意的契机。

人总是互相扶持着向前的。自己身体好的时候，可以对别人施以援手，自己做不到的时候，可以借助别人的帮助。

我很愿意以这样的方式活下去。

为此，我平时会用平淡温和的声音和大家聊天。打开心窗，身边就会有人发自真心地关心你。

时间是良药

所谓温柔，有时候并不一定具备温柔的外表。所以，能有一个在紧急时刻认真告诫自己的人，真的非常难得。

良药苦口，真正有效的药都很难下咽。语言也一样，真正触动心灵的语言，很少出自只有"表面关系"的人。

——那需要的是无论内心还是身体，都能"互相贴膏药"的温暖关系。

对那些敢于对你说出忠言的人，要更懂得珍惜。

因为那是你所拥有的、无论何时都能互道"彼此彼此"的关系，是帮助或被帮助的温暖关系。

如果和某个人之间有这样小小的温暖关系，即便此刻你孤身一人，也不会被孤独侵蚀心灵。

自己做不到的事情,就向他人求助吧,听听别人怎么说。如果能做到这一点,你就是真正成熟的人。

7

"谢谢"是灵丹妙药,
说"谢谢"会带来幸福

第 3 章
温暖是良药

我平时基本不说别人的坏话，也不随便批评别人。

相反，我会尽可能地多说"谢谢"。我认为这是我饱满精神的源泉。

指责或者诋毁他人的话，因为说的时候自己也在听，所以自己也不会有好心情。

随着年龄的增长，不可避免地，需要别人代劳的事情会增加。但是，不管多么小的事情，没有任何一件事是"别人应该帮你做的"。

这跟你是否支付了金钱没有关系。凡是我自己一个人做不到的事情，如果有人能帮我完成，我就会很感激。

时间是良药

也正因如此，我觉得，一天中你说了多少次"谢谢"，就会收获多少次快乐，实现多少个你一个人无法实现的愿望。

同样，就餐前说"我开动了"也是一样的道理。

据说，最近有的家长认为学校的午餐是花了钱的，并不需要说"我开动了"。"我开动了"是为了对食材以及制作饭菜的人表达"受其恩惠"所说的感谢之词，与花没花钱没有关系。所以，我认为就餐前应该认真地说这句话。

如果每天都说"谢谢""我开动了"，你会发现一天之中发生了很多值得感恩的事情，自己也从中得到了很多。

正是因为这样，我觉得每天的生活都很丰富，即使到了老年也是如此。

第 3 章
温暖是良药

此外，我也希望你能经常对自己说"谢谢"。

现在，由于医学的进步，六七十岁的人依旧很年轻，正是壮年时期。但是，当你过了80岁，有些你认为理所当然的事可能就不再是那样了。我深深地感谢给了我健康的身体、让我能工作到这个年纪的父母，也感谢每天支持着我的家人们。

一方面，我希望自己可以一直工作到死；另一方面，和年轻的时候相比，40多岁时我10分钟就能完成的事情，现在则需要多花30分钟。

不过，我不会因此而自责，也不会觉得自己不争气。因为我相信，从出生到死亡，身体都是我最重要的伙伴。

96年来，我没有一天不在使用我的眼睛、耳朵和双手双脚，对于今天还能正常工作的它们，我满

时间是良药

怀感激。

"感谢你今天也这么努力。"

接受真实的自己,睡前对今天所做的一切都心怀感激,你的心底就会涌现出满满的幸福。而且,第二天你还可以把这份心情传递给他人。

『谢谢』是最好的灵丹妙药。不是因为感到幸福才说『谢谢』,而是说『谢谢』会带来幸福。

第4章 时间是良药

1

不断积累的时间,
是能够治愈我们的最好的药

第 4 章
时间是良药

即便我出版了一本书，还被列入吉尼斯世界纪录，但我依旧是一个平凡的药剂师。我没有药学博士学位，也没有什么高超的管理能力。

让我很自豪的是，75年来，我一直站在药店门口，一直努力贴近顾客们的心。能长期在店里工作，和客人们一起度过快乐的时光，是我人生的一大力量来源。

坚持就是力量，这句话看起来很平凡，但现在的我坚信，累积的时间的确会变成力量。

25年前，就在板桥区小豆泽分公司要开业的时候，我的儿子突然病倒了。"是不是我的态度导致他工作过度？""我竟然没意识到他背负着那么大的身心

时间是良药

压力。"……这样的想法让我一时非常自责。

但是，我没有被击垮。因为我觉得，代替已经不在的儿子保护药店是我的职责。我并没有时间沉浸在悲伤之中。

每天和客人们的对话交流就像一场真刀真枪的战争。虽然他们可能都是因为生病或受伤而去医院的，但每个人的情况各不相同。我一边体察他们的感受，一边思考怎样能帮上忙，感觉每天的生活都很忙碌。

如果那个时候儿子没有病倒的话，如果现在还能和他在一线一起工作的话……我有时难免也会这样想，但终究无可奈何。

长久以来，我一直在努力接受眼前的现实，一往无前地奋斗，并期待自己能变得更强大。

第 4 章
时间是良药

当然,我并没有把所有事情都扛在自己肩上,而是和家人们一起,怀着"守护希尔玛药店"的心愿,朝着一个方向努力。我身边还有因同样的信念聚集在一起的、值得信赖的工作人员,我们怀着同样的想法,已经一起走过了25年。我想,这种关系在漫长的岁月里已经变得更加坚固、更加牢不可破。

儿子倒下时,我的孙子康二郎还在读初中,现在他已经成了一名药剂师,和我一起经营着药店。回顾我们一起度过的岁月,我觉得那是一段既漫长又短暂的宝贵时光。

时间会让人变强、变柔软,让羁绊加深。总有一天,时间会治愈人心,治愈一切。时间也许就是生命的"药"。

即使你遇到了困难,遭受了后悔和痛苦的打击,

时间是良药

也要投身自己应该完成的使命中,认真度过每一天。

在身边人的帮助下,你认真对待的时间,也许会成为治愈受伤人生、使你拥抱温柔的"药"。

不断积累的时间
能够治愈我们,
并让我们抵达梦想之地。
时间是最好的药。

2

放下以前放不下的东西,
就会开启全新的人生

第 4 章
时间是良药

我一直喜欢珍藏那些被时光雕琢过的老东西,比如大约100年前的茶橱,或是小时候获过奖的书法作品。现在,我依旧把这些物品放在自己的房间里好好珍藏着。

我还保存着和孙子及已故的丈夫一起拍的照片、和丈夫周游世界时收集的各种传统工艺品、我所钟爱的让人心潮澎湃的绘画,以及生日时药店同事寄给我的明信片。虽然数量不多,但真正想放在身边的东西,我都会放在视野范围之内。

最近有个词叫"断舍离",认为舍弃多余物品的生活方式比较好。但我听说很多年迈的父母舍不得扔

时间是良药

东西，而他们的孩子也不知道该怎么处理。

经历过战争的那一代人，包括我在内，之所以无法舍弃东西，可能是因为我们知道物质真正匮乏的时候是什么样子。

我们经常为扔掉百货商店的商品包装纸、橡皮筋、塑料汤匙等东西感到内疚——我们认为，只要是能用的东西就要反复使用。

自古以来，日本人就信仰八百万神[1]。人们认为，万物皆有灵，如果不认真对待它们的话就会遭报应。舍不得扔东西，也是这种心理的表现。

话虽如此，但在物品少且整理得很整齐的房间里生活，确实可以让你拥有更轻松的心态，从而催生更

1.八百万神（八百万の神），日本神道教的神观念，认为万物皆有灵，所到之处皆有神。——译注

第 4 章
时间是良药

丰富的生活。上了年纪之后，选择对自己来说重要的东西，随时看着它们入睡……我希望能这样生活。

随着年龄的增长，很多人会越来越舍不得给自己花钱。也许是担心钱不够花吧。我觉得，花点儿钱提高自己的生活品质，可以让内心更加丰富。

我喜欢那种可以悠闲从容地做各种事情的安静环境，所以经常去轻井泽旅行。即便在东京市区，只要有时间，我也会去酒店享受悠闲的时光。

我的儿媳、药剂师公子时不时就会问我："要不要出去吃点儿好吃的？"于是我们就会一起出去吃饭。拉拉杂杂地聊天、享用美味的饭菜，这实际上是非常充实、滋润心灵的美好时光。

95岁生日的时候，我打算去轻井泽一家酒店的餐厅吃饭。嫁去大阪的女儿、我的孙子和曾孙都赶到轻

时间是良药

井泽,为我举办了生日派对。对于这份意想不到的礼物,我感到又惊又喜。

像这种家人聚在一起的时光,是可以滋养心灵的时光,比任何事情都更重要。

你可以拥有一些自己精心挑选的、不一定很贵但品质稍高的东西,花点儿时间让自己放松一下。

有时候,尝试着制造这样的机会也是很好的。我觉得,这就是内心盈满地度过每一天的秘诀。

在一个整洁的空间里,
被自己珍爱的物品包围着生活,
放下以前放不下的东西,
就会开启全新的人生。

3

放下别人的评价
会更轻松,也会更幸福

第 4 章
时间是良药

"想想别人会怎么看你吧。"

很久以前,我的父母经常这样教育我,让我注意周围人的目光和邻居的看法。现在,由于过分在意别人的目光,被他人的评价所左右,因而变得抑郁甚至无法出门的人越来越多。

从某种意义上说,能够选择不上学、不上班,或许是因为比起周围人的目光,你更重视自己的感受。我觉得彻底放下别人的评价,心情会变得更轻松,也会感到更幸福。

其中,工作带来的自豪感是很重要的一点。

我牢牢抓住了这一点,希望自己能胜任药剂师这

时间是良药

一工作，且不会因为年纪大就觉得自己很厉害。年轻的时候，我多少还会抱着希望被别人认可的想法，但现在几乎已经完全没有了。

现在，我每天在意的是能不能让来店里的客人带着笑容回去、能不能让客人在这片刻的时间里感到满足，以及如何让这家药店作为客人需要的药店继续存在下去。

随着时间的推移，那种想得到别人认可的想法，已经被我一点点地磨去了棱角，变成一块光滑的石头。实际上，我现在感觉非常舒服，也许这才是人本来该有的内心状态吧。漫长的时光会让人找回本来的样子。

我觉得，作为一个走过了漫长时光的老人，我能做到的事就是抱着"我能帮你做些什么"的心情，轻松地跟人交流。这是一种真正意义上对别人有用的状态。

第 4 章
时间是良药

举一个大家都很熟悉的例子：因为孩子不想吃药，所以他的母亲就不让他吃了。从某种意义上说，孩子不爱吃药是很正常的，但大人应该想方设法帮他把药吃下去。

作为药剂师，我会把制剂换成孩子更容易接受的味道，或是减少服药的次数，并告诉家长这种药和什么混在一起会更容易吃下去，以及不能和什么混在一起吃。

有时候，如果觉得说多少温和的话对客人都无益，那我就会用稍微强硬的语气告诫一下客人。

药品是攸关性命的东西，把药交给客人的药剂师，就像是站在药品和客人之间的守门员。有的时候，你必须认真考虑客人的情况并告知他们。

可以说，只有不在意对方的看法和评价，你才能

时间是良药

做到这一点，但这归根结底也是为了正确履行药剂师的职责，保证客人能满意地离开。

我觉得，在意别人的评价和目光，就是过度在意自我。

这种时候，我们的话语就会变得轻描淡写，或者咄咄逼人，或者无法传达出自己真正想传达的东西。

这样的话，我们既不能了解对方的想法，更无法怀着为对方着想的心发出告诫，也就放弃了作为一名药剂师的职责。

不用在乎别人的看法，要以做对别人真正有用的事情为荣。

如果可以专注于帮助眼前的人，忽略周围聒噪的声音，你将会非常幸福。

能否帮助眼前人,比他人的评价更重要。让这些点滴的积累,变成彼此的信赖基石吧。

4

人生，就是一场
花时间去爱自己的旅行

第 4 章
时间是良药

我说过,时间是良药。我也相信,时间就是生命本身。一想到每个人的时间都是有限的,我就会自然而然地想珍惜自己和他人的时间。

特别是随着年龄的增长,我会思考如何才能幸福地度过和大家在一起的时光,并希望我的客人也有同样的思考。

来我们药店的客人有各种各样的类型。如果是上班族,他们可能需要请假才能去医院,到医院还要等很久才能看上病,来到药店的时候已经非常疲惫了。

在这种情况下,如果还要在药店等很长时间的话,那真是很痛苦的事。因此,我们的药剂师会记住经常

时间是良药

来的客人的名字,以及他们正在服用的药物,以便尽可能顺畅地把药交到顾客手中。

同时,为了不浪费顾客的宝贵时间,在他们等待的时候,我们为他们提供了一些便利,让他们可以在店内的咖啡区聊聊天或看看电视,而不是干等。

之所以能做到这一点,是因为我们是一家社区药店。我们在给药的时候不仅会注意药品的情况,还会留心客人的情况,在客人出门之前,都会尽量保持微笑。

像这样度过一整天的话,就会发觉自己平时做事有多淡定从容,所有该做的事情都能够顺利进行,而这一切都与认真地对待自己和他人的时间有关。

为了完成自己该做的事,首先当然需要做好判断并做出决定。其次,分清轻重缓急也很重要。如果不

第 4 章
时间是良药

清楚自己当日的工作计划,不知道同事的日常安排和分工,就会在最后时刻手忙脚乱,或是发生不能履约的情况。

所谓淡定从容,绝不是拖拖拉拉、没有任何作为地虚度时光。正好相反,因为你知道哪些是必须做的事情并且养成了习惯,就能不被情绪左右,按部就班地完成该做的事。

平平淡淡地度过每一天,可能是一种非常高效的时间使用方式。

我每天早上都要在家确认当日早班和晚班的当值人员,然后在出门前15分钟叫车,8点50分到店里。

最近,我切实感受到,思考每天应该做的事、从容地做准备的时间,是在调整自己,是一点点地将身心调整到工作模式、整理头脑的严肃时间。

时间是良药

　　当然，我之所以能长期坚持这么做，是因为我有幸能够持续工作。

　　我曾建议那些因为日常节奏的改变而感到情绪低落的退休男性，即使在家里，也要像工作时一样早起，决定好一天要做的事情，然后去实施。

　　所谓日常安排，其实是根据自己的情况来制定生活节奏，这一点非常重要。我们首先要珍惜自己的时间，然后要珍惜自己周围人的时间。通过这种方式，你就可以一直拥有张弛有度的美好时光。虽然我对这一点深信不疑，但是过了90岁之后，我更能感觉每一分每一秒的分量了。现在的我是这样想的："我这一辈子，没有浪费过任何时间。"

　　我年轻的时候并不这么认为，也曾有过像陀螺一样拼命奔跑的时期，但包含那个时期在内，我觉得自

第 4 章
时间是良药

己度过的岁月都很可爱。

今年（2020年）88岁的钢琴家藤子海敏曾在一部纪录片里说过这样的话："人生，就是一场花时间去爱自己的旅行。"

是的，正因为有了漫长的时光积累，我们才会有这份淡然，对自己的爱也会越来越深。我希望把这场爱自己的旅行进行到底。

人生是有限的。
自己和他人的时间,
都是无可替代的生命时间。
记住这一点,每一天都会变得可爱。

5

自己能做的事情自己做

时间是良药

年纪大了，也就意味着很多以前自己能做的事情逐渐变得不可能独立完成了。

因为社会老龄化进程加剧，接受护理的人数也在急剧增加。

当我从客人那里了解到现在糟糕的护理情况时，就忍不住想：会不会连那些人们力所能及的事情也被护理工作剥夺了？

从本质上说，护理工作的目的是帮助被看护人自立，而不是剥夺被看护人自己做事情的能力。当然，看护人是在完成自己的工作，因为被看护人可能有严重的肢体残疾、认知障碍等，无法自己去做。即

第 4 章
时间是良药

便如此，我仍然认为"自己能做的事情自己做"是最基本的。

这也是我在脚骨折无法行走的那段时间里，自己请了护工之后意识到的。

当然，对于自己做不到的事情，我也会拜托别人。

护理是一种需要同时花费大量体力和心思的工作，所以我觉得以谦虚的态度来拜托对方比较好。

有时，和高龄客人谈及家人的时候，他们会说自己的家人"这个也不让我做""那个也不让我做"。若是长此以往，他们就会觉得让别人来做是理所当然的吧？我认为，要想更好地度过晚年，秘诀就是要有意识地去做一切自己力所能及的事情。

当你觉得一定有人会帮你做事的时候，结果就是，不管别人怎么做你都不会满意。因此，我们首先要营

时间是良药

造一个自立的空间，然后自己能做的事情就自己做，做不到的事情再拜托别人。如果能做到这一点，被帮助的人自然会产生感激之情，而给予帮助的一方也会因为觉得"每个人都会有自己做不到的事情"而干劲儿十足。

另外，我们在家庭中很容易会有这样的想法：家人为自己做什么都是理所当然的。事实上，不管关系多么亲近，都要保有礼貌和感激之情。心理距离和生活距离越近，就越要划清自己和对方的界限，要怀着尊敬的心情将对方视作一个独立的个体，这一点很重要。

我时常听到有人这样说："真的很羡慕荣子老师，因为你无论在家里还是在工作中，都能和家人在一起，而且关系很融洽。"

听到类似的话时，我发觉自己和家人之间的界限

第4章
时间是良药

已经变得模糊了,我常常在潜意识里觉得对方能够感受到我所想的一切。

虽然我能明白这种心情,但对对方的过度期待会让你不自觉地按照自己的想法去改变对方。这样一来,对方当然会很郁闷,这可能会让你们的关系变得紧张,甚至互相疏远。

就算是有血缘关系的家人,也都过着不一样的生活,思考方式和行为方式有差异也是很自然的。我相信,时刻拥有这样的意识,是维持健康家庭关系的基础。

不管是家人、朋友还是熟人,都应该把对方当成一个独立的个体来尊重。如果一直以"大家都以不同的想法在生活"这样的眼光看问题,神奇的事情就会发生:那些过度的期待和担心会消失,人们也会更加

时间是良药

信赖彼此。

　　这样一来,对方也会把你当成一个独立的个体来对待,你们之间的关系自然会得到改善。

不要对他人期望太高。
不要试图改变他人。
这是保持人际关系顺畅的秘诀。

6

谁能发现幸福,
谁就能赢得幸福

第 4 章
时间是良药

目前，我从星期一到星期六都在药店工作，从不间断。但喜欢旅行的我，年轻的时候每年都会请两周左右的假出去旅行。

我和丈夫经常一起周游世界。丈夫去世之后，则是住在大阪的女儿带着我出去玩。

我的最后一次远游，是20世纪80年代的中国台湾之行。孙儿们也和我一起去了，我们在夜市上吃了好吃的台湾料理和奇特的果冻，还看了很多古迹。那真是一段美好的回忆。

2019年，我常年劳损的股关节出现了裂痕，住了三四个月的院。

时间是良药

并不是我摔倒了,而是我像往常一样上了一辆出租车,刚想坐下却发现坐不下去了。

骨折的我,在感到疼痛的瞬间心里闪过"这下糟了"的念头。虽然没想过"我可能再也不能走路了",但我觉得一个90多岁的人骨折,家人、朋友和客人们一定都很担心。

就这样,毫无思想准备的住院生活开始了。这次经历让我再次感受到了身体能自由活动的奢侈,以及一直支持我的人们的宝贵。

当然,我不在的时候,药店也在正常运转。但是,住院的时候,我深切地感受到了努力支持我做康复训练的医生、每天来到身边鼓励我的家人以及因为我不在店里而担心的客人们的重要性。

我觉得,当一个人意识到自己在为别人着想的时

第 4 章
时间是良药

候，就会比平时更加努力。

这件事让我意识到，人类的治愈力不只是通过药物来促进的，也可以从身边的人那里汲取。

经常光顾药店的老顾客，把在药店拍下的我的照片交给我的孙子康二郎，然后康二郎用LINE给我发了过来。

平时，作为一名药剂师，总是我在鼓励顾客、给顾客打气，而这次顾客们的支持则给了我勇气和鼓舞——说实话，我曾想过这可能是我退休的好时机。

——但我还是得回店里去。

我真是这么想的。

当我回到店里的时候，看到很多客人都非常开心，这让我切实地感受到，这就是人们的生活方式——彼此惦念、互相关爱。

时间是良药

我现在还在进行康复训练。只要坚持锻炼，肌肉力量就会慢慢地恢复过来。在步行器的帮助下，我现在已经可以尝试走路了。

遗憾的是，骨折后我就不能一个人外出了。之前我每个月都会去一次表参道的美容院，现在这一活动和我最喜欢的逛街活动都被迫取消了。

在我这个年龄，这也许是在所难免的事情。现在回想起来，我真的很庆幸自己年轻的时候曾循着"想到那里去""想看看那里的景色"的想法，去世界各地旅行。

如果你正在读这本书，而且身体健康，我希望你一定去看看自己想看的风景。

即使身体变得不能自由活动，也绝不是说你就与快乐无缘了。从现在开始，尽可能地收集一些让当时

第 4 章
时间是良药

的自己觉得很幸福的"种子"吧。

　　让人快乐的工作和兴趣爱好、孩子的成长、支持着你的人们……在平凡的生活中，希望你能找到更多幸福的种子。

身体的不自由,并不能决定幸福与否。最终,谁能发现幸福,谁就能赢得幸福。

7

不必考虑生存的意义，
活着就是件让人开心的事

时间是良药

从我成为药剂师至今,已经过去75年了。

因为一直只顾着眼前的事情,努力地工作,没想到竟然度过了这么漫长的时光。

被日常工作追赶着,和同事们一起打理药店的每一天,都带给我巨大的幸福感。

每次去监狱的诊疗所送药时,看到工作中的囚犯,我就会想:"这么拼命工作的人,到底犯了什么罪呢?"并因此感到一阵痛心。

现在我之所以能够以药剂师的身份生活,得益于当初存活下来的祖先。所以,每天看到来往店内的客人时,我都能深刻地体会到生命接力的宝贵。

第 4 章
时间是良药

那些苦于疾病的客人会问我:"我生命的意义是什么?""到底我是为了什么而出生的呢?"遇到这种情况,我就会告诉他们,每一个生命都是十分珍贵的,只因为它诞生了。

日本发生过战争。

这并非很久以前的事情。

我去大学的药学部学习时,正值太平洋战争时期。1941年年底,日本袭击了珍珠港。虽然药学专业的男生可以免于征兵,但也有一些人自愿报名参军,之后就再也没有回来。

我家被疏散到长野后,靠着种田实现了自给自足,并且开了一家药店。战争结束后,我们就在东京和长野之间来回奔波。即使在战后十分不便的情况下,我也一直在工作。我觉得这比什么都重要。

时间是良药

活在当下的每个人，都是因为其祖先在那个时代生存了下来才得以出生，都是生命接力棒的接受者。虽然亲历战争的人越来越少了，但是，活在当下的人们都如同奇迹般珍贵。

话虽如此，当我们饱受病痛折磨的时候，当一个人感到孤独的时候，或者当我们感到和社会脱节的时候，有时也会很难对生活产生积极的感受。

来药店的客人中，有一些人对苦难的感受要比对宝贵生命的感受更强烈，他们经常会说："活着真痛苦啊。"

活了这么久的我想告诉他们的是："不必太过认真地考虑自己生存的意义和价值。"还有就是："向他人寻求帮助。"

因年老或生病而给别人添麻烦，并不意味着你会

第4章
时间是良药

让别人不开心。也不要因为不能帮助别人,就被"自己毫无价值"的错觉所折磨。

当你发出求助信号时,一定会有人向你伸出援助之手。所以,我希望你在痛苦的时候能够向他人寻求帮助。

"只要活着,就已经是件很开心的事了。"

正因为我是经历了战争幸存下来的人,并且活了很久,所以无论多少次,我都想告诉那些因为疾病而找不到生命意义的人:我很高兴自己还活着。

生命至上，
每一个生命都是珍贵的。
与其思考生命的意义，
不如对自己还活着心存感激。

8

让周围的人看到,
你活出了自己的样子

时间是良药

虽然有人对我说"你和家人在一起工作,彼此关系还这么好,真是很少见",但对我来说,和家人一起经营药店已经成为我的生活常态。

仔细想一想,我之所以和家人一起工作得这么顺利,与我的家人们都各自独立,并以自己的药剂师工作为荣,同时都朝着同一个目标前进有关。

因为是家族企业,我的家人们都在一起工作,各自分担着企划和宣传等工作,各自发挥的作用都很明确。

而且,工作结束后回到家里,我们会互不打扰,珍惜一个人独处的时间。

在亲密关系中也要保持礼貌,无论是多么亲密的

第4章
时间是良药

朋友，无论是丈夫还是孩子，都是一样的，每个人都有他人绝对不能踏足的个人世界。不能因为是家人，就干涉对方的人生选择。

从我的父亲成立希尔玛药店开始，我和后面的几代人都选择了药剂师这条路。但是，我从来没有强迫儿子和孙子成为药剂师。

包括上一代人在内，我们都以让自家的药店成为一家关心社会、用心对待顾客的店铺为目标。在我们身边耳濡目染成长起来的孩子们，心里自然会有"想从事这个工作"的念头。这也是坚持工作的我引以为豪的事情。

"我想让他们看到我工作时喜悦的样子。"

"我想让他们看到我能帮助别人的样子。"

时间是良药

如果能一直堂堂正正地让周围的人看到你活出了自己的样子，那就太棒了。比起喋喋不休地抱怨自己做不到的事，我觉得让别人看到你全然投入某件事的样子更有意义——会用沉默的背影说话的，可不只是男人。

如果父母都在公司任职，孩子也许很少有机会能看到父母平时是怎样工作的。如果有机会让孩子看到父母的工作方式和态度，对他们来说是一件好事。即使无法让他们看到，讲给他们听也是可以的。

随着年龄的增长，为了不让自己的孩子觉得老去是一种痛苦，请一定要充满活力。

与其总是抱怨，烦扰子孙，不如让他们觉得"我家奶奶真酷啊"。

我想，这才是年长者的责任。

与其向家人发牢骚,
不如展现
你生机勃勃的样子。
这才是年长者的责任。

9

**认真对待眼前的事情，
"今天"是最棒的一天**

第 4 章
时间是良药

相比于健康的人,光顾药店的客人更多的是病人。他们有的正在接受抗癌治疗,有的患有精神疾病,有的正在做透析。这其中,不乏为自己的疾病而烦恼的人。

"感觉活着没什么意思。"
"为什么而活着呢?"

听了这样的话,我有时会说:"既然这么烦恼,那就干脆不要考虑活着的意义了。"
但是,我也有烦心事。

时间是良药

半夜脚疼的时候，我也会想："今天就要完蛋了吧？明天就不能从床上起来了吧？"

奇怪的是，第二天早上疼痛感消失了，我又从床上爬了起来。正因如此，我才觉得没必要忧虑、烦恼，或者担心未来。

当生了大病或者人生遇到大烦恼时，如果你开始考虑"今后该怎么生活"，或者"钱的问题该怎么解决"，就会被不安感击垮。如果你因此开始思考"我为什么活着"，恐怕连今天都无法把握了吧？

如果未来的事情让你感到焦虑，你就应该把寻找活着的意义这件事暂时搁置起来，努力去完成眼前的事情。

今天早上会醒来，就说明你一定有今天应该做的事情。因为有需要完成的任务，所以你还活着。

第 4 章
时间是良药

每天早上醒来后,我就开始准备一天的工作。我不会深思生活是什么,也不会为自己为什么而活烦恼。我心里想的是:"因为有事情要做,所以今天也醒了呢。"

既然今天早上醒来了,就做今天该做的事情吧。

请每天早上醒来的时候都想一想:"噢,我还活着呢。"然后,尽力过好每一天。

活在今天,活好当下——我觉得这就是你需要做的一切。

所谓人生,不是回看过去,也不是展望未来,而是认真对待眼前的事情。

而且,一般情况下,生活赋予你的任务,也不是让你去做各种各样没影儿的事,而是要认真对待眼前的事。

时间是良药

对工作和家人也是如此。比起一年以后可能发生的事,更有意义的,是对眼前要离开的客人说声"谢谢",对生活在一起的家人说声"谢谢"。

说实话,我觉得我所做的一切不过如此。而且,经过这么漫长的岁月,我确信这是有价值的。

尽全力完成自己能做的事、今天被赋予的任务,这也许就是人生吧。

一天结束,新的一天开始,每一个"今天"都有始有终。

明天,我也会好好度过——当你以这样的心态去生活时,"今天"自然是最棒的一天。

早上醒来的时候,先说声"谢谢"怎么样?因为"今天"的到来并不是理所当然的。

早上醒来就意味着『今天我还活着』。越是对未来感到不安，越应该活在当下。

后记

现在开始，做什么都不晚

孙子康二郎鼓励我挑战吉尼斯世界纪录时说："我想告诉全世界，有一个90多岁仍在工作的药剂师。"2018年，95岁的我被吉尼斯世界纪录官方认定为"世界最高龄的在职药剂师"。

写这本书的时候，我自己也曾想过："我有什么可以告诉大家的吗？"但康二郎总在背后支持我："因为你96岁了，所以才有意义。""现在大家都想听听荣子老师的话。"

从这样的体验中，我有了新的思考。那就是，人无论年纪多大，都可以有新的体验和挑战。

正是因为我的年龄，挑战吉尼斯世界纪录才成为可以尝试的事情。写书也是，正是因为到了这个年龄我的身体还健康，所以才能做到。我觉得，新的体验是有助于身心健康的。

有时，比我年轻很多的人会对我说："我都这个年纪了，还尝试什么新事物呀。"这种时候，我就会说："你在说什么呀？如果从现在开始，一直坚持到我这个年纪的话，那你就能成为在某个领域做了40年的老手。"这样的回答常常让他们大吃一惊。

现在，随着医疗技术的进步，健康的老年人越来越多了。

后　记

公司职员60岁退休时，也可以说正值壮年。

退休之后，你就有了第二人生。如果第二人生过得和前40年的职员生活差不多，而不去挑战新事物的话，我会觉得很可惜。

当然，为了做自己想做的事，精力、体力、气力都是很重要的，所以每天都要活动身体，还要注意饮食。

如果能完成所有那些一直想做的事，去一直想去的地方，至少都去尝试一下，那就太幸福了。

战后，一个年幼时挨过饿的人回忆说："小时候，隔壁家的庭院里有一棵枇杷树，我非常想吃树上的枇杷。"退休后，他就把院子弄得像果园一样，栽满了会结果实的树。我想，这也是实现"有朝一日"的美好方式。

另外，晚年是人生的奖励时间。对于音信不通的

时间是良药

朋友、吵架后疏远的人、想见面的家人和亲戚，我希望你都能尽量在身体还可以的时候去见一见。这也是年老时可以接受的挑战之一吧，虽然多少需要一点儿勇气。

在现在这个时代，我们并不会被战争困扰，所以除了死亡，其他的都是小伤小痛。

就算是不能自由行走的我，也还有很多能做的事。今后，我也会每天尝试一个小小的挑战。

二〇二〇年九月，一个美好的日子

比留间荣子

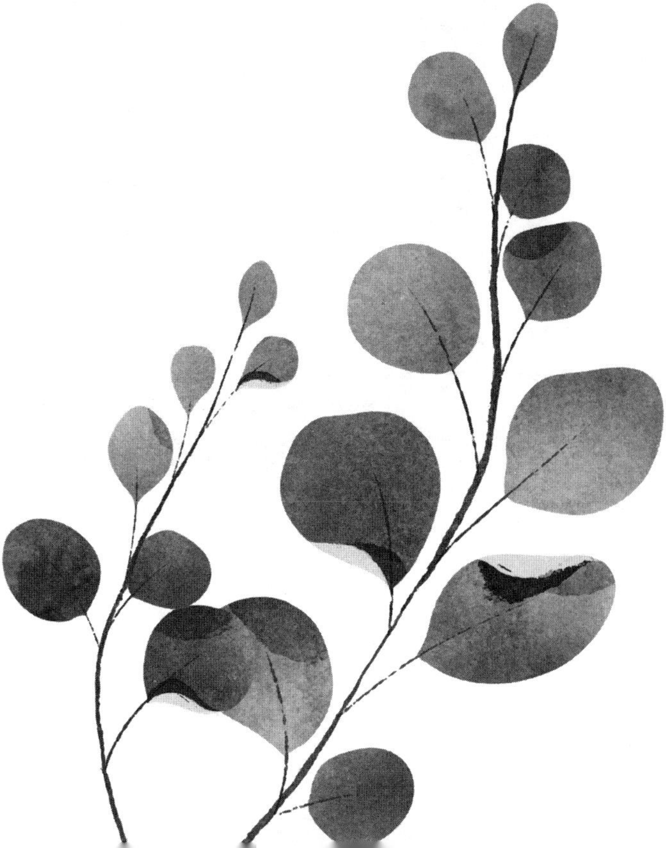

比留间荣子

药剂师，1923年出生于东京，1944年毕业于东京女子药学专业学校（现明治药科大学）。受父亲影响，她决定成为药剂师，开始在父亲于1923年创立的希尔玛药店担任第二代掌柜。她曾与父亲一起，穿梭在混乱的战后东京街头送药。比留间荣子任药剂师长达75年，95岁时被吉尼斯世界纪录官方认定为"世界最高龄的在职药剂师"。现在，她一边继续配药工作，一边从事药物指导和健康咨询，被人们称作"药师如来"，是当地百姓的心灵寄托。她和自己的孙子康二郎一起，每天朝着"理想的药店"这一目标而努力。

◀ 工作中的荣子老师

▲ 荣子老师工作了75年的希尔玛药店

▲ 荣子老师和孙子康二郎一起展示希尔玛药店的"梦想地图"

► 荣子老师与孙子康二郎每天都为建立『理想的药店』而努力

▲ 在中国的万里长城旅游的荣子老师

▲ 荣子老师与爱人在北京故宫博物院

* Photo Credits © Takako Shimizu

图书在版编目（CIP）数据

时间是良药/（日）比留间荣子著；苏航译.—北京：北京联合出版公司，2021.8（2022.11重印）
ISBN 978-7-5596-5368-0

Ⅰ.①时… Ⅱ.①比…②苏… Ⅲ.①人生哲学—通俗读物 Ⅳ.①B821-49

中国版本图书馆CIP数据核字（2021）第112194号

JIKAN WA KUSURI
Copyright © Eiko Hiruma, 2020
Original Japanese edition published by Sunmark Publishing, Inc., Tokyo, Japan
Simplified Chinese edition is published by arrangement with Sunmark Publishing, Inc. through Japan Creative Agency Inc., Tokyo.

时间是良药

作　　者：（日）比留间荣子	译　　者：苏航
出 品 人：赵红仕	出版监制：辛海峰　陈江
责任编辑：牛炜征	特约编辑：郭梅
产品经理：于海娣	版权支持：张婧
封面设计：熊琼·奥中 DESIGN WORKSHOP	内文排版：任尚洁

北京联合出版公司出版
（北京市西城区德外大街83号楼9层　100088）
北京联合天畅文化传播公司发行
三河市信达兴印刷有限公司印刷　新华书店经销
字数 69千字　787毫米×1092毫米　1/32　7印张
2021年8月第1版　2022年11月第4次印刷
ISBN 978-7-5596-5368-0
定价：49.80元

版权所有，侵权必究
未经许可，不得以任何方式复制或抄袭本书部分或全部内容
如发现图书质量问题，可联系调换。质量投诉电话：010-88843286/64258472-800